Louis Figuier

L'Aluminium

Les Merveilles de la science

Table de Matières

CHAPITRE PREMIER

HISTORIQUE DE LA DÉCOUVERTE DE L'ALUMINIUM. — SES
DIFFÉRENTES PROPRIÉTÉS. — MÉTHODES ET PROCÉDÉS EN USAGE
POUR SON EXTRACTION ET SA PRÉPARATION.

L'attention du public fut vivement excitée, en 1855, par l'annonce d'une découverte bien digne, en effet, d'éveiller un intérêt unanime. De la simple argile de nos terrains, de la marne des champs, on avait, disait-on, retiré un métal que ses caractères chimiques rangent tout à côté des métaux précieux, et capable de résister, comme l'or, le platine et l'argent, à l'action des causes extérieures d'altération. À ces premiers caractères ce métal joignait la singulière propriété d'être plus léger que le verre, et d'être fusible à une température modérée, ce qui permettait de le mouler sous toutes les formes.

Ces diverses assertions, qui excitèrent à bon droit beaucoup de surprise, n'avaient pourtant rien d'exagéré, et nous allons nous attacher à exposer brièvement les faits sur lesquels elles reposent.

C'est une des vues les plus remarquables de Lavoisier, d'avoir annoncé que, dans les substances minérales désignées sous le nom commun de *terres* et d'*alcalis*, il existe de véritables métaux. Par une prévision de son génie, dont on devait plus tard comprendre toute la portée, l'illustre créateur de la chimie moderne avança que les alcalis fixes, et les terres depuis longtemps désignées sous le nom de chaux, de magnésie, d'alumine, de baryte, de strontiane, etc., ne sont autre chose que des oxydes d'un métal particulier. Vingt années après, Humphry Davy, appliquant à l'analyse de ces composés la pile de Volta, justifia avec éclat cette prévision de Lavoisier. Il sépara, grâce à l'action décomposante du fluide électrique, l'oxygène et le métal qui constituent, par leur union, les alcalis et les terres.

En agissant de la même manière sur la potasse et la soude, Davy isola leurs radicaux métalliques, le potassium et le sodium. Peu de temps après, en opérant sur la baryte, la strontiane et la chaux, il retira de ces terres leurs radicaux métalliques, le baryum, le strontium et le calcium. Mais, en raison de la faible conductibilité électrique des composés terreux, Davy ne put parvenir à réduire, au moyen de la pile, le reste des bases terreuses, c'est-à-dire l'alumine,

Louis Figuier

la glycine, l'yttria et la zircone.

Plusieurs chimistes, entre autres Berzelius et Œrstedt, échouèrent dans la même tentative, et pendant vingt ans ce ne fut que par une vue théorique, fondée sur l'analogie, que l'on put considérer ces substances comme des oxydes métalliques. Ce n'est qu'en 1827 qu'un chimiste allemand, M. Wöhler, parvint à les réduire.

M. Wöhler eut la pensée de substituer un puissant effet chimique à l'action de la pile de Volta, pour l'extraction des métaux terreux. Le potassium et le sodium, radicaux métalliques de la potasse et de la soude, sont, de tous les métaux, ceux qui présentent les plus énergiques affinités chimiques. On pouvait donc espérer qu'en soumettant à l'action du potassium ou du sodium l'un des composés terreux qu'il s'agissait de réduire, le potassium détruirait cette combinaison, et rendrait libre le métal nouveau que l'on cherchait à isoler.

Fig. 435. — M. Wöhler.

L'expérience justifia cette prévision. Pour obtenir l'aluminium métallique, M. Wöhler s'adressa au composé qui résulte de l'union de ce métal avec le chlore, c'est-à-dire au chlorure d'aluminium. Au fond d'un creuset de porcelaine il mit quelques fragments de potassium, et par-dessus, un volume à peu près égal de chlorure d'aluminium. Le creuset fut placé sur une lampe à esprit-de-vin à double courant d'air, pour favoriser la réaction par l'intervention de la chaleur rouge.

Placé dans ces conditions, le chlorure d'aluminium fut entièrement décomposé ; par suite de son affinité supérieure, le potassium, chassant l'aluminium de sa combinaison avec le chlore, s'empara de ce dernier corps, pour produire du chlorure de potassium, pendant que l'aluminium demeurait libre à l'état métallique. Comme le chlorure de potassium est un sel soluble dans l'eau, il suffisait pour le dissoudre de plonger dans l'eau le creuset ; l'aluminium apparut alors à l'état de liberté.

Le métal ainsi isolé constituait une poussière grise, susceptible de prendre par le frottement l'éclat métallique ; mais, selon M. Wöhler, cette substance ne pouvait entrer en fusion, même à la température la plus élevée, et elle était éminemment oxydable.

L'aluminium ne fut point le seul métal isolé par ce procédé. Par l'emploi des mêmes moyens, M. Wöhler obtint le glycium et l'yttrium.

Peu de temps après, un de nos savants chimistes, M. Bussy, professeur à l'École de pharmacie de Paris, décomposa par le même procédé la magnésie, et en retira son radical métallique, le magnésium.

Si l'on place dans un creuset un mélange de chlorure de magnésium et de sodium, et qu'on chauffe ce mélange au rouge pendant un quart d'heure, on trouve au bout de ce temps, dans le creuset, du chlorure de sodium et du magnésium. M. Bussy étudia et fit connaître les propriétés particulières du métal extrait des sels magnésiens.

Les divers corps isolés de cette manière présentaient d'ailleurs des propriétés entièrement analogues à celles que l'on attribuait à l'aluminium. C'étaient toujours des poudres noires ou grises, n'offrant qu'à un faible degré, on le croyait du moins, les caractères qui distinguent les métaux. Infusibles, très-altérables par l'influence de l'air ou des agents chimiques, très-oxydables, ils semblaient, à ce titre, condamnés à vieillir obscurément dans le cadre de la théorie, sans jamais recevoir la moindre application dans la pratique.

Louis Figuier

Fig. 436. — M. Bussy.

Dans les sciences d'observations les méthodes générales constituent de précieux instruments de recherche ; mais ces méthodes, qui sont la richesse et l'orgueil d'une science, ont quelquefois plus d'éclat que d'utilité, car elles apportent souvent de graves obstacles à la découverte de faits nouveaux. C'est par suite d'une méthode et d'une vue générales que les chimistes, dans les premiers temps, s'étaient accordés à confondre dans un même groupe tous les métaux terreux. Modelant sur celles du magnésium, du baryum, du calcium et du strontium, les propriétés chimiques de tous les métaux terreux, ils considéraient l'aluminium et tous ses congénères comme des substances éminemment oxydables et dépourvues de tout caractère métallique proprement dit. Or, c'était là une grave erreur. Ces divers métaux n'offraient alors entre eux, on peut le dire, d'autre caractère commun que celui d'être inconnus.

En 1854, M, Henri Sainte-Claire-Deville, professeur de chimie à l'École normale, ayant soumis à une étude attentive l'aluminium, que M. Wöhler n'avait fait qu'entrevoir, reconnut avec surprise que ce métal jouit de propriétés fort différentes de celles qu'on lui attribuait, d'après M. Wöhler. Ces propriétés sont si remarquables,

CHAPITRE PREMIER

qu'elles ont tout de suite donné l'idée la plus élevée de l'avenir réservé à ce métal nouveau. Voici, en effet, les propriétés que M. Deville a reconnues au métal qui fait partie de l'argile.[1]

L'aluminium est d'un blanc éclatant ; sa couleur est intermédiaire entre celles de l'argent et du platine. Il est plus léger que le verre ; sa densité est représentée par le chiffre 2,56. Sa ténacité est considérable. On le travaille au marteau avec la plus grande facilité ; on l'étire en fils d'une finesse extrême, Enfin il entre en fusion à une température inférieure à celle de la fusion de l'argent,

Voilà déjà une série de caractères qui permettent de placer ce corps simple au rang des métaux qui trouvent dans les arts les plus nombreux emplois. Mais ses propriétés chimiques contribuent surtout à le rendre précieux.

L'aluminium est un métal complètement inaltérable à l'air. Il séjourne, sans se ternir, dans l'air sec ou chargé d'humidité, et tandis que nos métaux usuels, tels que l'étain, le plomb ou le zinc, fraîchement coupés, perdent promptement leur éclat quand on les expose à l'air humide, l'aluminium, dans les mêmes conditions, demeure aussi brillant que l'or, le platine ou l'argent. Il l'emporte même sur le dernier de ces métaux quant à sa résistance à l'action de l'air. Exposé, en effet, à l'action du gaz hydrogène sulfuré, l'argent est attaqué par ce gaz et noircit subitement ; aussi, par une exposition prolongée à l'air atmosphérique, les objets d'argent finissent-ils par s'altérer sous l'influence des faibles quantités d'hydrogène sulfuré qui se rencontrent accidentellement dans l'atmosphère. L'aluminium, au contraire, résiste parfaitement à l'action du gaz sulfhydrique ; sous ce rapport, il a donc sur l'argent une supériorité notable. Enfin l'aluminium oppose une résistance très-prononcée à l'action des acides. L'acide azotique, l'acide sulfurique, employés à froid, n'exercent sur lui aucune action, et l'on peut conserver dans les acides azotique ou sulfurique des lames de ce métal sans qu'il éprouve ni dissolution ni altération.

L'acide chlorhydrique seul l'attaque et le dissout à froid.

Tout le monde comprend les avantages que doit présenter au point de vue de ses applications, un métal blanc et inaltérable comme l'argent, — qui ne noircit pas malgré son séjour prolongé

---

1 L'argile renferme de 20 à 25 pour 100 d'aluminium.

Louis Figuier

dans l'air, — qui est fusible à une température modérée, et peut, dès lors, se plier à toutes les formes désirables ; — qui se travaille au marteau avec facilité ; — qui s'étire en fils jouissant d'une ténacité remarquable, — et qui présente enfin la propriété, singulière et inattendue, d'être plus léger que le verre. Ce métal nouveau parut donc tout de suite appelé à prendre une place importante parmi les matières premières de l'industrie.

On a dit, que l'aluminium pourrait entrer un jour dans nos alliages précieux, et remplacer l'or et l'argent dans les monnaies et les bijoux. C'était une erreur. En effet, ce qui contribue surtout à donner à l'argent et à l'or les caractères de métal précieux, ce qui a décidé leur adoption sous ce rapport, c'est la facilité avec laquelle on retire ces métaux des alliages, des mélanges ou des combinaisons diverses où ils se trouvent engagés. Par des opérations chimiques fort simples, l'or et l'argent sont extraits sans peine de tous les composés qui les renferment. L'aluminium est dépourvu de ce privilège. On ne pourrait, comme l'or et l'argent, le séparer, à l'état métallique, de ses divers composés. Au lieu d'aluminium, on n'en retirerait que de l'alumine, c'est-à-dire la base de l'argile, matière sans valeur. Tel est le motif qui empêchera d'adopter l'aluminium comme auxiliaire, dans nos monnaies, de l'argent et de l'or. D'ailleurs, un métal d'un gisement aussi commun, une substance faisant partie de l'argile que nous foulons à nos pieds, et dont la valeur serait variable par toutes sortes de circonstances, ne saurait être acceptée, dans aucun cas, comme signe représentatif des richesses.

L'aluminium doit donc être exclusivement réservé aux besoins de l'industrie. On peut le consacrer à la confection des vases et d'instruments de toute nature dans lesquels la résistance à l'action de l'air et des agents chimiques est une condition nécessaire. Il rend, dans ce genre d'applications, des services réels.

Un autre emploi important de l'aluminium, se trouve dans l'ornement et le décor extérieur. L'argent est souvent rejeté comme objet d'ornement, en raison de sa prompte altération par les émanation sulfureuses, et l'on est contraint de se priver ainsi de l'éclat et de la riche teinte de ce métal, dans beaucoup de cas où ils auraient produit les plus heureux effets. L'aluminium suppléera ici l'argent avec beaucoup d'avantages.

CHAPITRE PREMIER

Il est bon, toutefois, quand on parle des applications que pourra recevoir le métal de l'argile, de distinguer entre ses applications immédiates et ses applications à venir. Par applications immédiates de l'aluminium, nous entendons celles qu'il pourrait recevoir au prix assez élevé auquel il se trouve aujourd'hui dans le commerce ; par applications à venir celles qui lui sont réservées lorsque les progrès ultérieurs de la fabrication en auront notablement abaissé le prix.

Dans le premier cas, l'aluminium est dès aujourd'hui très-utile, en raison de son inaltérabilité, de sa ténacité et de sa légèreté, pour construire ces instruments de précision dans lesquels le travail de l'artiste est tout, et le prix de la matière presque rien. Citons, par exemple, les balances de précision, l'horlogerie, les instruments d'astronomie et de géodésie. Par son innocuité complète sur nos organes, il joue encore un assez grand rôle dans la confection des instruments de chirurgie

Dans le second cas, c'est-à-dire lorsque le prix de l'aluminium permettra de le faire entrer en concurrence avec le cuivre et l'étain, comment hésiter un instant entre le nouveau métal et le cuivre ? D'un côté, un métal oxydable, d'une odeur désagréable, dont tous les composés sont vénéneux ; de l'autre, un métal inaltérable, trois fois plus léger, sans odeur et sans la moindre influence nuisible sur l'économie.

Il ne faut pas, d'ailleurs, perdre de vue l'avantage capital que présentera, au point de vue de ses applications, la faible densité de l'aluminium. En admettant qu'à poids égal l'aluminium coûtât quatre fois plus cher que l'argent, il ne serait pourtant pas plus cher que ce métal, puisque, en raison de sa densité, un kilogramme d'aluminium occupe quatre fois plus de volume qu'un kilogramme d'argent. Il pourra donc servir à fabriquer quatre fois plus d'objets, sa ténacité, sa résistance étant supérieures, même à volume égal, à celles de l'argent.

Malheureusement l'aluminium est encore à un prix trop élevé dans le commerce pour que l'on puisse se flatter de le faire entrer dans les usages habituels de la vie. Le procédé métallurgique qui sert à préparer ce métal s'environne encore de beaucoup de difficultés, et ce n'est que dans des usines spéciales, comme celles de MM. Tissier

Louis Figuier

frères, à Rouen, de M. Morin, à Nanterre et à Alais, que l'on peut se flatter, d'obtenir, à coup sûr et avec quelque économie, ce métal précieux. L'intervention du sodium est nécessaire pour obtenir l'aluminium ; or, le sodium est un produit difficile à obtenir. Dès lors la préparation de l'aluminium n'est pas sans difficultés.

Ces difficultés pourtant ont été vaincues par une poursuite attentive et constante. Le moment est venu pour nous de faire connaître les différentes méthodes qui sont aujourd'hui en usage pour la préparation du métal tiré de l'argile.

L'aluminium s'obtient en traitant le chlorure d'aluminium par le sodium. Ce dernier corps, aux affinités chimiques très-énergiques, décompose le chlorure d'aluminium, en formant du chlorure de sodium, et l'aluminium devient libre.

La fabrication industrielle du nouveau métal comprend, d'après cela, les trois opérations suivantes :

1° Préparation du chlorure d'aluminium ;

2° Préparation économique du sodium ;

3° Décomposition du chlorure d'aluminium par le sodium.

De ces trois opérations, les deux premières ont seules reçu une solution satisfaisante ; la troisième présente d'assez grandes difficultés. Voici, d'ailleurs, comment on les exécute dans les usines déjà mentionnées.

Le chlorure d'aluminium se prépare en dirigeant un courant de chlore gazeux sur de l'alumine mélangée à du goudron. Cette alumine a été obtenue en décomposant par la chaleur l'alun ammoniacal, qui, calciné, laisse pour résidu l'alumine pure, et susceptible, dès lors, de fournir l'aluminium à un grand état de pureté.

Le traitement de l'alumine par le chlore se fait dans une de ces cornues de terre qui servent à la fabrication du gaz de l'éclairage. L'absorption du chlore est toujours complète, et marche avec la plus grande régularité. Comme la cornue est fortement chauffée, et que le chlorure d'aluminium est volatil, ce composé distille à mesure qu'il prend naissance, et vient se condenser dans une chambre en maçonnerie, revêtue de faïence à l'intérieur.

Ainsi obtenu, le chlorure d'aluminium constitue une matière

CHAPITRE PREMIER

compacte, d'une densité considérable, et composée d'une agglomération de cristaux de couleur jaune.

Comme l'alun ammoniacal, qui sert à la préparation du chlorure d'aluminium, renferme des impuretés, et particulièrement de l'oxyde de fer, qui passe dans l'aluminium obtenu, on essaya, en 1857, de substituer au chlorure d'aluminium, pour l'extraction de l'aluminium, un minéral naturel, la *cryolithe*, qui est un fluorure double d'aluminium et de sodium. Ce minéral, qui était autrefois excessivement rare, ayant été découvert au Groënland en 1855 par gisements immenses, put être transporté en France, et on essaya de le faire servir à la préparation de l'aluminium.

En effet, la cryolithe, traitée par le sodium dans un creuset porté au rouge, se décompose : le sodium remplace l'alumine, il se fait du fluorure de sodium, et l'aluminium reste à l'état métallique.

MM. Tissier frères essayèrent ce procédé dans l'usine d'Amfreville-la-Mi-voie, près de Rouen, qu'ils avaient fondée pour la préparation de l'aluminium, pendant que M. Paul Morin, ancien préparateur des cours de chimie de M. Dumas, créait à Nanterre, près de Paris, une usine semblable.

Mais la préparation de l'aluminium par la cryolithe seule n'a pas donné de bons résultats. Il paraît que ce minéral est sujet à renfermer des phosphates, dont le phosphore ne peut jamais être entièrement chassé, et qui, venant se joindre à l'aluminium, en altère les propriétés.

La préparation de l'aluminium par la cryolithe seule a donc été abandonnée. Cependant nous ne devons pas manquer de dire que ce minéral est aujourd'hui employé dans la préparation de l'aluminium, comme fondant ou comme auxiliaire utile, à quelque titre que ce soit. On l'emploie dans la proportion que nous indiquerons.

Nous allons décrire la préparation de l'aluminium par le mélange de chlorure d'aluminium, de sodium et de cryolithe, tel qu'il s'exécute à l'usine de M. Paul Morin, à Nanterre, ou pour mieux dire à l'usine de MM. Merle, à Alais. En effet, le chlore et le carbonate de soude, qui interviennent dans la préparation de l'aluminium, sont fort chers à Paris, tandis qu'ils sont à bas prix en Provence, par suite du voisinage des fabriques de soude artificielle de Marseille. C'est cette circonstance qui a déterminé M. Paul Morin à faire fabriquer à l'usine de MM. Merle, à Alais, l'aluminium par le procédé que nous allons maintenant décrire.

On prend 110 kilogrammes de chlorure d'aluminium et 40 kilogrammes de cryolithe. On pulvérise bien exactement ce mélange, auquel on ajoute 35 kilogrammes de sodium, préalablement coupé en morceaux au moyen du couteau.

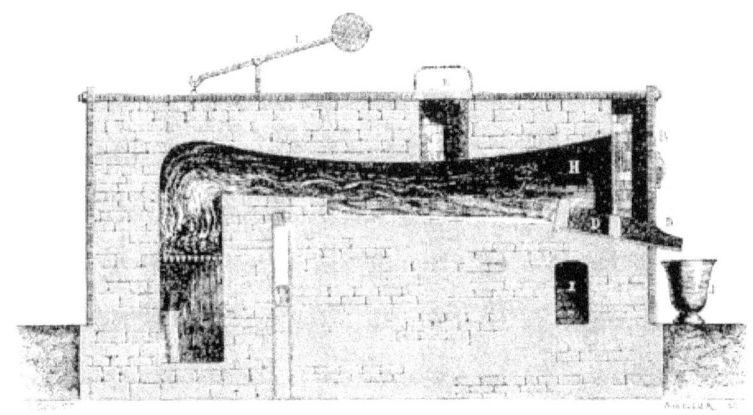

Fig. 437. — Four pour la préparation de l'aluminium.

L, contre-poids pour soulever la porte du foyer ; E, orifice d'introduction du mélange de chlorure d'aluminium et de sodium ; H, orifice de la cheminée I ; A, sole du four ; B, rigole en fonte ; C et D, briques qu'on enlève pour laisser écouler d'abord les scories, ensuite l'aluminium ; R, registre de la cheminée ; J, vase où tombe l'aluminium ; F, foyer du four.

Ce mélange opéré, on commence par chauffer le four. Ce four, que représente la figure 437, consiste en une longue cavité à voûte surbaissée, A, que la flamme du foyer, F, peut parcourir dans toute son étendue, avant de s'échapper avec la fumée par l'orifice, H, qui est l'entrée du tuyau de cheminée. Ce tuyau n'est pas entièrement visible sur notre dessin, parce qu'il se recourbe de haut en bas, comme dans beaucoup de cheminées d'usines, dites *cheminées traînantes*. On voit en I la partie descendante de ce tuyau de cheminée.

Quand le four est bien chaud et que la flamme remplit toute

sa capacité, on y projette le mélange de chlorure d'aluminium, de cryolithe et de sodium, par le trou E, lequel est fermé par un tampon métallique que l'on peut promptement déplacer et replacer. Le mélange n'étant pas exposé au contact de l'air, puisqu'il tombe aussitôt dans la flamme du four, le sodium ne s'oxyde pas. Dès qu'il est tombé sur la sole du four le mélange fond, et la réaction entre le chlorure d'aluminium et le sodium commence. Elle se traduit au dehors par une série de petites explosions, qui annoncent la décomposition graduelle du chlorure et la mise en liberté de l'aluminium.

À mesure qu'il est mis en liberté, l'aluminium entre en fusion et occupe le bas de la sole du four. Le chlorure de sodium résultant de la réaction, ainsi que le fluorure de la cryolithe, fondent également, et forment au-dessus du métal fondu, une couche qui le préserve de l'oxydation. Cependant une partie du métal se trouve brûlée, ce qui occasionne toujours des pertes.

L'opération dure environ trois heures et demie. Au bout de ce temps, tout le chlorure d'aluminium est décomposé. Alors on enlève la première brique, C, qui ferme le four, à l'opposé du foyer. Les parties les plus légères du mélange liquéfié par la chaleur, s'écoulent au dehors par cette ouverture, en suivant la rigole de fonte, B. Ce sont les scories, c'est-à-dire le mélange de chlorure et de fluorure de sodium provenant de la réaction ainsi que du fondant. On les reçoit dans une caisse de tôle, portée sur un chariot à roues qui reposent elles-mêmes sur les rails d'un petit chemin de fer.

Quand la caisse est pleine de ces scories liquides et brûlantes, on retire le chariot, et on le remplace immédiatement par un vase de fonte, J. Retirant alors la seconde brique, D, on laisse couler l'aluminium fondu dans ce vase. Sans le laisser refroidir, on verse aussitôt le métal fondu dans des lingotières.

Avec les proportions indiquées ci-dessus, une opération fournit 10 kilogrammes d'aluminium.

On voit que la préparation de l'aluminium exige l'intervention du sodium. Le sodium, indispensable à cette fabrication, se prépare dans les mêmes usines qui servent à l'extraction de l'aluminium. Comme la préparation du sodium donne le curieux exemple d'une opération de laboratoire transportée sans modifications dans le domaine de l'industrie, nous croyons devoir en dire ici quelques mots.

Il n'y a pas bien longtemps, le sodium était un produit exclusif des laboratoires de chimie. On ne l'avait jamais obtenu qu'en quantités très-faibles, et seulement comme échantillon pour les cours et les collections de chimie. On le payait alors 800 francs ou 1 000 francs le kilogramme. Grâce aux modifications que M. H. Sainte-Claire-Deville a introduites dans l'extraction de ce métal, le sodium ne revient aujourd'hui qu'à 10 francs le kilogramme. Sa préparation marche avec une facilité et une régularité surprenantes ; elle est aussi facile que celle du zinc, aussi régulière que celle du gaz de l'éclairage.

Pour préparer industriellement le sodium, on suit le procédé qui se trouve décrit dans les ouvrages de chimie, c'est-à-dire que l'on se sert du procédé dit *de Brunner*, qui consiste à décomposer le carbonate de soude par le charbon, à une température très-élevée.

Le perfectionnement introduit par M. Deville dans la préparation industrielle du sodium, a consisté à ajouter de la craie au mélange de carbonate de soude et de charbon. Cette craie (carbonate de chaux), en se décomposant, fournit du gaz acide carbonique, qui, venant se joindre à l'acide carbonique provenant du carbonate de soude, facilite la volatilisation du sodium, en renouvelant constamment l'espace dans lequel ses vapeurs peuvent se répandre.

Les proportions employées dans l'usine de Nanterre, et aujourd'hui dans l'usine d'Alais, pour la préparation du sodium, sont les suivantes :

Carbonate de soude sec	40	kilogr.
Craie	7	—
Houille de Charleroi en poudre	18	—

Le mélange de ces matières étant opéré, on l'introduit dans des cylindres de tôle rivée, qui sont fermés à leurs deux extrémités par des bouchons de fonte à vis. L'un de ces bouchons est percé d'un trou qui donne passage à un tube de fer.

CHAPITRE PREMIER

Le cylindre de fer, B (*fig.* 438), plein de ce mélange, est introduit dans un four et disposé horizontalement.

Fig. 438. — Four pour l'extraction du sodium.

Au tube G que porte ce cylindre de fer, on ajoute alors le *récipient* A dans lequel doit venir se condenser le sodium rendu libre, car le sodium, étant volatil, distille comme un liquide. Ce récipient A'G', que l'on voit représenté à part dans la figure 438, est une sorte de large flacon aplati, formé par la réunion de deux demi-boîtes pareilles en fer, et qui laissent entre elles une cavité.

L'opération dure environ deux heures ; le charbon, décomposant la soude du carbonate de soude, fournit de l'acide carbonique, qui se dégage avec celui qui provient de la décomposition de la craie, et le sodium rendu libre distille. Ce sodium vient se condenser dans la boîte de fer, A, qui sert de réfrigérant, et que l'on a remplie en partie d'huile de schiste.

Louis Figuier

Quand l'opération est terminée, on ouvre la boîte A en séparant les deux plaques de fer mobiles qui la constituent, et on en détache le sodium. On opère cette séparation dans l'huile de schiste, pour ne pas laisser le métal s'oxyder à l'air.

Pour conserver le sodium, on place les masses ou lingots de ce métal oxydable, dans des vases de zinc, pleins d'huile de schiste, et fermés par-dessus au moyen d'une fermeture hydraulique d'huile de schiste. Ces vases ne sont pas pleins d'huile de schiste, mais les lingots de sodium, aussitôt après leur moulage, ont été trempés dans cette huile, laquelle, en s'oxydant, a laissé à l'extérieur du métal, une sorte de vernis jaune, qui le préserve de l'action de l'air. On peut, en soulevant le couvercle de ces seaux de zinc contenant le sodium, examiner à l'air ces masses de sodium, qu'il était autrefois si difficile et si dangereux de manier. Pourvu que l'on évite tout contact avec l'eau, on peut le toucher, comme si c'était de l'étain ou du plomb.

Le sodium ne présente, dans son maniement, aucune des difficultés ou des dangers auxquels on pouvait s'attendre, quand on réfléchit aux propriétés bien connues du potassium, son analogue. On sait que le potassium décompose l'eau à la température ordinaire, avec production de flamme, par suite de l'inflammation du gaz hydrogène dégagé. En outre, dès qu'on élève sa température, il brûle au contact de l'air. Le sodium ne présente aucune de ces propriétés dangereuses, qui auraient apporté un obstacle insurmontable à sa préparation et à son emploi comme agent industriel. Il demeure, sans s'enflammer au contact de l'air, en pleine fusion ; et s'il décompose l'eau comme le potassium, le gaz dégagé ne s'enflamme pas spontanément.

CHAPITRE II

APPLICATIONS INDUSTRIELLES DE L'ALUMINIUM. — LE BRONZE D'ALUMINIUM.

Quand on a parlé pour la première fois de l'aluminium, une certaine exagération, d'ailleurs inévitable, s'était mêlée aux appréciations concernant l'avenir de ce curieux produit. Mais depuis cette époque, cette question a été examinée à loisir, et l'on a pu la juger avec maturité. L'auteur de la découverte du nouvel aluminium, M. H. Sainte-Claire-Deville, a publié un mémoire où toutes les questions qui se rattachent à cet objet sont exposées avec beaucoup de soin et de réserve. Nous ne saurions mieux faire, pour exposer l'état réel de cette question au moment où nous écrivons ces lignes, que de mettre sous les yeux du lecteur le passage du mémoire de M. Deville concernant les applications futures de l'aluminium :

« Je ne doute pas aujourd'hui, dit M. Deville, que l'aluminium ne devienne tôt ou tard un métal usuel. Depuis que j'en ai manié des quantités considérables, j'ai pu vérifier l'exactitude de toutes les assertions rapportées dans le premier Mémoire que j'ai publié sur ce sujet. Bien plus, son inaltérabilité et son innocuité parfaites ont pu être expérimentées, et l'aluminium a subi ces épreuves mieux encore que je ne pouvais le prévoir. Ainsi, on peut fondre ce métal dans le nitre, chauffer les deux matières au contact jusqu'au rouge vif, température à laquelle le sel est en pleine décomposition, et, au milieu de ce dégagement d'oxygène, l'aluminium ne s'altère pas ; il peut être également fondu dans le soufre, dans le sulfure de potassium, sans s'attaquer sensiblement.[1] Résistant parfaitement bien à l'action de l'acide nitrique, de l'acide sulfhydrique, et en cela supérieur même à l'argent, il se rapproche de l'étain, quand on le met au contact de l'acide chlorhydrique et des chlorures. Mais son innocuité absolue en permettra l'emploi dans une foule de cas où l'étain présente des inconvénients, à cause de la facilité avec laquelle ce métal est dissous par les acides organiques. Du reste, on a peu étudié le degré de résistance qu'opposait à nos agents les plus communs les métaux que nous employons le plus fréquemment. Ainsi, lorsque l'on fait bouillir pendant quelques instants une solution de sel marin dans un creuset d'argent, on dissout de ce métal des quantités assez fortes pour que l'eau salée devienne alcaline et bleuisse fortement la teinture rouge de tournesol. Si l'on prend de l'étain laminé, du *paillon* d'étain, qu'on le fasse chauffer pendant quelques minutes dans une dissolution de sel marin acidulée avec de l'acide acétique, on pourra constater, en décantant la liqueur claire et en la traitant par l'hydrogène sulfuré, qu'il s'est

---

[1] L'or ne résiste pas à ces deux agents d'oxydation et de sulfuration.

Louis Figuier

dissous des quantités considérables d'étain. Tel sera l'effet constant d'un mélange de sel et de vinaigre sur les vases de cuisine. Mais l'étain n'ayant pas, il paraît, d'action notable sur l'économie et la saveur de ses sels étant très-peu prononcée, quoique désagréable, la présence de l'étain dans nos aliments passe inaperçue.

« Toutes les propriétés chimiques que j'ai attribuées à l'aluminium se trouvent en outre confirmées par les expériences que M. Wheatstone, à Londres, et M. Hulot, à Paris, ont tentées pour déterminer le rang électrique de ce métal.

« J'ai pu étudier, sur des échantillons volumineux, les propriétés physiques de l'aluminium, et j'ai constaté qu'on pouvait le laminer comme l'argent ou l'étain, et le tirer aussi fin que l'argent et le cuivre. Enfin, une propriété curieuse, qu'il manifeste avec d'autant plus d'intensité qu'il est plus pur, c'est une sonorité excessive, qui fait qu'un lingot d'aluminium suspendu à un fil et frappé d'un coup sec, produit le son d'une cloche de cristal. M. Lissajous, qui a constaté avec moi cette sonorité, en a profité pour construire en aluminium des diapasons qui vibrent très-bien. Beaucoup d'usages spéciaux lui sont, en outre, réservés à coup sûr, à cause de son excessive légèreté ; et depuis que l'aluminium est dans le commerce, plusieurs essais d'application ont été déjà tentés avec succès.

Fig. 439. — H. Sainte-Claire Deville.

« Pourtant ces qualités ne sont pas suffisantes pour faire préférer,

CHAPITRE II

dans la plupart des cas, l'aluminium aux métaux précieux à égalité de prix. La condition pour que ce métal devienne d'un emploi général est donc sa production à un prix notablement inférieur à celui de l'argent. Il est vrai qu'à cause de la différence de leurs densités, l'aluminium et l'argent ayant la même valeur, le premier serait, en réalité, quatre fois moins cher que le second à volume égal ; et à volume égal l'aluminium possède une rigidité plus grande que l'argent.

« Le problème de la fabrication économique de l'aluminium me paraît de nature à être résolu, d'un jour à l'autre, par l'industrie, d'une manière satisfaisante, parce que les matériaux avec lesquels on peut le produire, même avec les procédés actuels, sont tous à bas prix. Ainsi, théoriquement, pour obtenir 2 équivalents ou 28 kilogrammes d'aluminium, il faut :

3 éq. de chlore, 108 kilog., à 60 fr. les 100 kilog.	64 80
1 éq. d'alumine, 52 kilog., à 30 fr. les 100 kilog.	15 80
3 éq. de carb. de soude, 153 kil., à 36 fr. les 100 kil.	63 60
2 éq. d'aluminium, 28 kilogr.	144 20

« Ce qui porte à 5[fr],15 centimes le prix des matières rigoureusement nécessaires à la production de 1 kilogramme d'aluminium. »

Les lignes qui précèdent exposent nettement l'état actuel de la question qui vient de nous occuper. M. Deville ne présente point l'aluminium comme destiné à remplacer l'or et l'argent dans leurs précieux usages. À ses yeux, il tient un rang intermédiaire entre les métaux précieux et les métaux oxydables, tels que le cuivre et l'étain. Mais il est certain que, même réduit à ce rôle intermédiaire, l'aluminium, s'il était à bas prix, serait encore une acquisition des plus précieuses pour l'industrie et l'économie domestique, et qu'il nous rendrait, dans une foule de cas, de très-importants services.

Arrivons aux applications industrielles de l'aluminium. L'Angleterre parut un moment vouloir s'en accommoder. Le peu de dureté de l'aluminium, la facilité avec laquelle on le travaille, la possibilité de mélanger sa nuance propre avec celle de l'or, parurent devoir assurer son introduction dans l'orfèvrerie, chez nos voisins.

Louis Figuier

Cependant cette faveur fut de courte durée ; l'orfèvrerie anglaise ne tarda pas à abandonner le nouveau métal. L'orfèvrerie française ne l'avait jamais sérieusement adopté. Aujourd'hui l'aluminium ne sert plus que pour certains cas très-limités, par exemple pour former les corps de lorgnettes, qu'il faut légers et solides, ou des instruments de précision, et surtout pour les divisions du gramme. Sa légèreté permet de fabriquer un centigramme sous la forme d'un cylindre surmonté d'un bouton.

L'activité des chercheurs ne fut point lassée par l'échec qu'avaient éprouvé les applications de l'aluminium. Elle se tourna vers les alliages de ce métal.

Ce fut l'alliage d'aluminium et de cuivre qui prévalut. Cependant les premiers essais furent infructueux, l'alliage était trop dur et paraissait trop difficile à travailler. C'est à M. Paul Morin que revient l'honneur d'avoir résolu les problèmes qu'offraient la fabrication industrielle du bronze d'aluminium et ses applications à l'industrie.

On a pu voir, à l'Exposition universelle de 1867, dans deux magnifiques vitrines de M. Paul Morin, les plus beaux spécimens de bijouterie, d'orfèvrerie religieuse et de table, d'objets de fantaisie et de création d'art.

C'est à l'usine d'Alais que s'effectue la préparation du bronze d'aluminium. L'opération est fort simple ; elle se réduit à mélanger par la fusion, dans un creuset, les deux métaux purs. Dans le cuivre fondu, on jette des lingots d'aluminium ; on agite la masse avec un *ringard* et on la coule dans des lingotières.

Le *bronze d'aluminium*, tel est le titre que cet alliage a reçu dans l'industrie, peut être fabriqué à des titres divers, suivant les usages auxquels on le destine. Mais le meilleur, par l'ensemble de ses propriétés, est composé de 90 parties de cuivre et de 10 parties d'aluminium. Les vases sacrés, l'orfèvrerie de table et la bijouterie sont aujourd'hui exclusivement fabriqués avec cet alliage, qui est le plus dur, le plus rigide, le plus tenace et le moins altérable.

Cet alliage offre un grain extrêmement fin, qui se prête à un poli remarquable et aussi agréable que la dorure.

Le bronze d'aluminium présente une grande homogénéité, qualité assez rare dans les alliages. On sait que le bronze des canons, par exemple, laisse écouler une partie de son étain longtemps avant que la masse entière entre en fusion : c'est ce qu'on nomme *liguation*. Le bronze d'aluminium ne présente pas ce phénomène fâcheux ; ses éléments constituants ne se séparent jamais par la fusion.

La malléabilité et la ductilité du bronze d'aluminium sont considérables. Il se forge à froid, en se récrouissant fortement sous l'action du marteau, ce qui lui donne la dureté et l'élasticité. À chaud il se forge aussi bien, et peut-être mieux que le fer.

Cette malléabilité à chaud et à froid le rend propre au laminage. On le tire à la filière en fils de toute grosseur ; il se tire également en tubes de toute dimension. On peut le façonner à froid, au marteau, comme font les orfèvres pour l'or et l'argent.

Sa résistance à la traction et au choc est des plus grandes. Simplement fondu, il ne rompt que sous l'effort d'un poids de 65 à 70 kilogrammes par millimètre de section. Réduit en fils, il supporte jusqu'à 90 kilogrammes par millimètre avant rupture, c'est-à-dire trois fois plus que le fer.

Le tableau comparatif suivant fait connaître les résistances comparatives du bronze d'aluminium et d'autres alliages ou métaux :

Bronze des canons	28
Fer	30
Acier fondu de Krupp	53
Bronze d'aluminium à 10 %	65

Son élasticité a été constatée par une seule expérience au Conservatoire des arts et métiers. Simplement fondu à l'état brut, son coefficient d'élasticité est égal à la moitié de celui du meilleur *fer forgé* ; il est quadruple de celui du bronze des canons, également à l'état brut ou simplement fondu.

À la fonte, le bronze d'aluminium se comporte comme le meilleur métal fusible ; il n'est pas de pièce, si petite ou si grosse qu'elle soit, qu'on ne puisse réussir. La fonte au sable réussit parfaitement.

Le bronze d'aluminium n'empâte pas la lime, il se prête avec la

Louis Figuier

plus grande facilité au tranchant des outils.

Il se repousse au tour, s'emboutit au balancier, s'étampe au mouton, se prête, en un mot, docilement à toutes les manipulations.

Mais une propriété qui en fait par-dessus tout un métal précieux, c'est son inaltérabilité relative. Il résiste, sans s'oxyder, aux corps gras ; il se ternit beaucoup moins vite à l'air que l'argent, le laiton, le bronze d'étain et les autres alliages cuivreux, à plus forte raison que le fer et l'acier ; il n'a de supérieurs, sous ce rapport, que l'aluminium pur, l'or et le platine.

Du reste un simple frottement suffit à faire disparaître l'irisation très-superficielle que lui fait éprouver l'action de l'atmosphère. Les jus acides des fruits ne l'attaquent pas. Le vinaigre, surtout additionné de sel, a plus d'action, mais l'argent lui-même se laisse attaquer facilement dans le même cas.

Le bronze d'aluminium résiste plus que tout autre métal aux graves inconvénients de la sulfuration, ce qui le rend propre à la confection des armes à feu.

La densité du bronze d'aluminium contenant 10 pour 100 d'aluminium est de 7,7, à peu près celle du fer et un peu moindre que celle du bronze à canon.

Un objet fait en bronze d'aluminium à 10 pour 100, pèserait donc 14 pour 100 de moins que le même objet fait en bronze à canon, condition très-importante à observer dans les évaluations de poids et de prix.

C'est en raison de ces différentes qualités, qui répondent toutes à des besoins pratiques de l'industrie, que le bronze d'aluminium a conquis rapidement la place que l'on avait crue d'abord réservée au métal pur. Pour donner la nomenclature de toutes les applications de cet alliage qui ont été réalisées, ou qui sont possibles, il faudrait passer en revue tous les objets d'orfèvrerie, de bijouterie, de quincaillerie, de service de table, d'horlogerie, d'optique, d'harnachement, d'ornements, de musique, de mécanique, grosse et petite, de matériel de chemin de fer, de guerre, de marine, etc.

Il est une application particulière du bronze d'aluminium, qui prend depuis quelques années une extension considérable. C'est la fabrication des boîtes de montres. Tout le monde a vu ces montres nouvelles, dans lesquelles la boîte d'or ou d'argent est remplacée

CHAPITRE II

par une boîte d'une teinte rappelant assez celle de l'or : elles sont en bronze d'aluminium. Dans ces montres, que la nouvelle matière formant la boîte, réduit à un prix minime, le cadran est très-petit. Le métal enveloppe presque totalement les rouages, ce qui assure une meilleure résistance et une plus longue conservation aux organes mécaniques.

Mais où l'alliage d'aluminium a pris une extension vraiment remarquable, c'est dans l'orfèvrerie religieuse. À l'Exposition universelle de 1867, dans les vitrines de M. Paul Morin, une grande quantité de vases et objets d'orfèvrerie religieuse, calices, ciboires, ostensoirs, flambeaux d'autel, candélabres, lampes de chœur, bénitiers et burettes, en bronze d'aluminium, attiraient les regards par l'éclat, le brillant du métal et le volume des pièces. Le nouvel alliage a trouvé là un débouché considérable. La confection des vases d'église absorbe aujourd'hui une bonne partie de l'aluminium qui se fabrique en France.

Il y avait toutefois une difficulté à l'introduction de la nouvelle matière dans les usages religieux, les rites catholiques ne permettant que l'argent et l'or pour les cérémonies du culte. Il était donc nécessaire de décider l'Eglise catholique à accepter l'adjonction du nouveau métal aux deux seuls qui soient tolérés depuis des siècles.

Un digne prélat français comprit de quelle importance pouvait être pour le clergé pauvre, pour les petites paroisses, l'emploi d'un métal solide, brillant, inaltérable, économique, réunissant toutes les qualités de l'or et de l'argent, sans en avoir la valeur élevée. Il fit plaider auprès du Saint-Père, à Rome, la cause de la nouvelle métallurgie, et obtint pour M. Paul Morin une audience du Souverain Pontife.

Le Saint-Père, après s'être fait rendre compte par Mgr Regnani, savant professeur de chimie romain, des qualités exceptionnelles du bronze d'aluminium, des avantages qu'il présentait par sa solidité, son éclat et son prix modeste, autorisa, par un rescrit en date du 6 décembre 1866, l'emploi du bronze d'aluminium pour la fabrication des coupes de calice et des patènes.

Cependant la *Congrégation des rites*, conservatrice née des usages traditionnels, ne se rendit pas entièrement. Elle voulut que l'on conservât au moins l'apparence, l'extérieur. Expliquons-nous. Elle

Louis Figuier

exigea que tout en fabriquant en bronze d'aluminium les vases sacrés, on dorât leur surface intérieure. Ainsi, pour tout vase sacré, la dorure est obligatoire : l'intérieur des coupes et leurs bords extérieurs, ainsi que l'intérieur des patènes doivent être dorés.

L'Eglise, on le voit, a tenu bon pour le principe. Elle s'est, toutefois, montrée accommodante ; elle n'a pas exigé le fond des choses : une pellicule l'a contentée. C'est peu de chose qu'une pellicule d'or ; mais ici elle a maintenu le principe et sauvegardé les apparences.

Grâce à ce *mezzo termine* qui a tout arrangé, il n'est si modeste paroisse qui ne puisse avoir ses vases sacrés et son orfèvrerie, en matière solide et belle ; pas d'humble vicaire qui ne puisse posséder en propre son calice, à l'abri des atteintes du temps, de la profanation et de la cupidité.

Fig. 440. — Modèles d'objets d'église en aluminium, fabriqués par M. Paul Morin.

CHAPITRE II

Fig. 441. — Modèles d'objet d'église en aluminium, fabriqués par
M. Paul Morin.

Fig. 442. — Modèles d'objets d'église en aluminium, fabriqués
par M. Paul Morin.

Louis Figuier

Fig. 443. — Modèles d'objets d'église en aluminium, fabriqués
par M. Paul Morin.

CHAPITRE II

ISBN : 978-1533416513